编写说明

1.《中国水资源公报2021》（以下简称《公报》）中涉及的全国性数据是现有设施监测统计分析结果，均未包括香港特别行政区、澳门特别行政区和台湾省的相关数据。

2.《公报》中多年平均值统一采用1956—2016年水文系列平均值。

3.《公报》部分数据合计数由于单位取舍不同而产生的计算误差，未作调整。

4.《公报》涉及定义如下：

（1）**地表水资源量**：指河流、湖泊、冰川等地表水体逐年更新的动态水量，即当地天然河川径流量。

（2）**地下水资源量**：指地下饱和含水层逐年更新的动态水量，即降水和地表水入渗对地下水的补给量。

（3）**水资源总量**：指当地降水形成的地表和地下产水总量，即地表径流量与降水入渗补给地下水量之和。

（4）**供水量**：指各种水源提供的包括输水损失在内的水量之和，分地表水源、地下水源和其他水源。地表水源供水量指地表水工程的取水量，按蓄水工程、引水工程、提水工程、调水工程四种形式统计；地下水源供水量指水井工程的开采量，按浅层淡水、深层承压水分别统计；其他水源（非常规水源）包括再生水、集蓄雨水、淡化海水、微咸水和矿坑水。直接利用的海水另行统计，不计入供水量中。

（5）**用水量**：指各类河道外用水户取用的包括输水损失在内的毛水量之和，按生活用水、工业用水、农业用水和人工生态环境补水四大类用户统计，不包括海水直接利用量以及水力发电、航运等河道内用水量。生活用水，包括城乡居民家庭生活用水和城乡公共设施用水（含第三产业及建筑业等用水）。工业用水，指工矿企业用于生产活动的水量，包括主要生产用水、辅助生产用水（如机修、运输、空压站等）和附属生产用水（如绿化、办公室、浴室、食堂、厕所、保健站等），按新水取用量计，不包括企业内部的重复利用水量。农业用水，包括耕地和林地、园地、牧草地灌溉用水，鱼塘补水及牲畜用水。人工生态环境补水仅包括人为措施供给的城镇环境用水和部分河湖、湿地补水，不包括降水、径流自然满足的水量。

（6）**用水消耗量**：指在输水、用水过程中，通过蒸腾蒸发、土壤吸收、产品吸附、居民和牲畜饮用等多种途径消耗掉，而不能回归到地表水体和地下含水层的水量。

（7）**耗水率**：指用水消耗量占用水量的百分比。

（8）**万元国内生产总值用水量**：指用水总量与国内生产总值的比值。

（9）**万元工业增加值用水量**：指工业用水量与工业增加值的比值。

5.《公报》由中华人民共和国水利部组织编制，参加编制的单位包括各流域管理机构，各省、自治区、直辖市水利（水务）厅（局），中国水利水电科学研究院，水利部水利水电规划设计总院，中国灌溉排水发展中心，南京水利科学研究院以及水利部信息中心（水文水资源监测预报中心）。

中国水资源公报

2021

中华人民共和国水利部　编

www.waterpub.com.cn

·北京·

图书在版编目（CIP）数据

中国水资源公报. 2021 / 中华人民共和国水利部编
. —— 北京 ： 中国水利水电出版社，2022.6
ISBN 978-7-5226-0797-9

Ⅰ．①中… Ⅱ．①中… Ⅲ．①水资源－公报－中国－
2021 Ⅳ．①TV211

中国版本图书馆CIP数据核字(2022)第110094号

审图号：GS 京 (2022) 0112 号

书　　名	中国水资源公报2021 ZHONGGUO SHUIZIYUAN GONGBAO 2021
作　　者	中华人民共和国水利部 编
出版发行	中国水利水电出版社 （北京市海淀区玉渊潭南路 1 号 D 座 100038） 网址：www.waterpub.com.cn E–mail：sales@mwr.gov.cn 电话：（010）68545888（营销中心）
经　　售	北京科水图书销售有限公司 电话：（010）68545874、63202643 全国各地新华书店和相关出版物销售网点
排　　版	中国水利水电出版社装帧出版部
印　　刷	河北鑫彩博图印刷有限公司
规　　格	210mm×285mm　16 开本　2.25 印张　50 千字
版　　次	2022 年 6 月第 1 版　2022 年 6 月第 1 次印刷
定　　价	48.00 元

目 录

contents

一、概述

2021 年，全国降水量和水资源总量比多年平均值明显偏多，大中型水库和湖泊蓄水总体稳定。全国用水总量比 2020 年有所增加，用水效率进一步提升，用水结构不断优化。

2021 年，全国平均年降水量为 691.6mm，比多年平均值偏多 7.4%，比 2020 年减少 2.1%。

全国水资源总量为 29638.2 亿 m³，比多年平均值偏多 7.3%。其中，地表水资源量为 28310.5 亿 m³，地下水资源量为 8195.7 亿 m³，地下水资源与地表水资源不重复量为 1327.7 亿 m³。

全国 728 座大型水库和 3797 座中型水库年末蓄水总量比年初增加 17.5 亿 m³。73 个湖泊年末蓄水总量比年初增加 12.0 亿 m³。与年初相比，87.5% 的浅层地下水监测站水位呈稳定或上升状态，85.5% 的深层承压水监测站水位呈稳定或上升状态。

全国供水总量和用水总量均为 5920.2 亿 m³，较 2020 年增加 107.3 亿 m³。其中，地表水源供水量为 4928.1 亿 m³，地下水源供水量为 853.8 亿 m³，其他水源供水量为 138.3 亿 m³；生活用水量为 909.4 亿 m³，工业用水量为 1049.6 亿 m³，农业用水量为 3644.3 亿 m³，人工生态环境补水量为 316.9 亿 m³。全国用水消耗量为 3164.7 亿 m³。

全国人均综合用水量为 419m³，万元国内生产总值（当年价）用水量为 51.8m³。耕地实际灌溉亩均用水量为 355m³，农田灌溉水有效利用系数为 0.568，人均生活用水量为 176L/d（其中城乡居民人均用水量为 124L/d），万元工业增加值（当年价）用水量为 28.2m³。按可比价计算，万元国内生产总值用水量和万元工业增加值用水量分别比 2020 年下降 5.8% 和 7.1%。

二、水资源量

（一）降水量

2021 年，全国平均年降水量❶为 691.6mm，比多年平均值偏多 7.4%，比 2020 年减少 2.1%。2021 年全国年降水量等值线见图 1，2021 年全国年降水量距平❷见图 2。1956—2021 年全国年降水量变化见图 3。

从水资源分区看，10 个水资源一级区中有 8 个水资源一级区降水量比多年平均值偏多，其中海河区、辽河区分别偏多 59.1% 和 36.0%，海河区、黄河区、西北诸河区及松花江区中的局部地区甚至超过了 100%；2 个水资源一级区降水量比多年平均值偏少，其中珠江区比多年平均值偏少 11.9%。与 2020 年比较，5 个水资源一级区降水量增加，其中海河区、辽河区分别增加 51.8% 和 23.2%；5 个水资源一级区降水量减少，其中珠江区、长江区分别减少 11.0% 和 10.1%。2021 年水资源一级区降水量见表 1。

从行政分区看，24 个省（自治区、直辖市）降水量比多年平均值偏多，其中天津、北京、河北、河南、山东、陕西、山西 7 个省（直辖市）分别偏多 40% 以上；广东、福建、云南、广西、宁夏、江西、西藏 7 个省（自治区）比多年平均值偏少，其中广东偏少 20% 以上。2021 年省级行政区降水量见表 2。

---

❶ 2021 年全国平均年降水量是依据约 18000 个雨量站观测资料分析计算的。
❷ 年降水量距平是指当年降水量与多年平均值的差（%）。

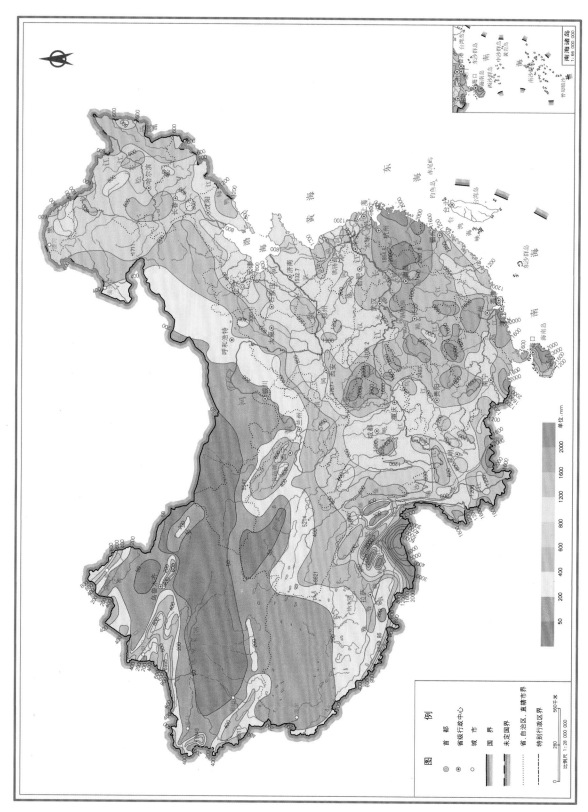

图 1 2021 年全国年降水量等值线图（单位：mm）

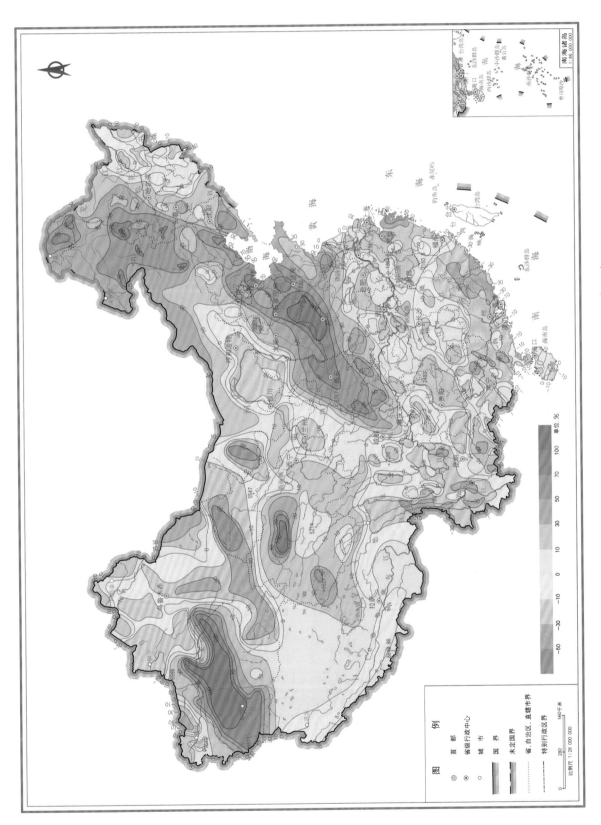

图 2　2021 年全国年降水量距平图（%）

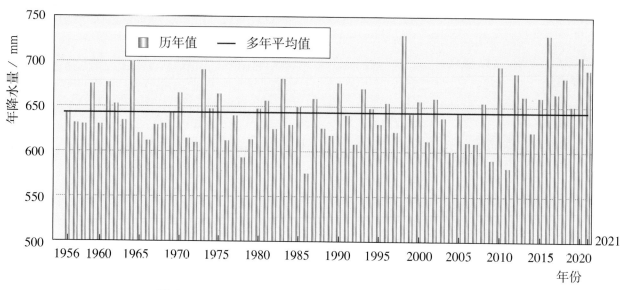

图 3   1956—2021 年全国年降水量变化图

表 1   2021 年水资源一级区降水量

水资源 一级区	降水量 / mm	与 2020 年比较 / %	与多年平均值比较 / %
全　　国	691.6	−2.1	7.4
北方 6 区	405.7	8.7	23.2
南方 4 区	1197.2	−7.7	−0.3
松花江区	633.3	−2.5	26.3
辽　河　区	725.9	23.2	36.0
海　河　区	838.5	51.8	59.1
黄　河　区	555.0	9.4	22.7
淮　河　区	1059.3	−0.2	26.4
长　江　区	1152.8	−10.1	6.7
其中：太湖流域	1419.0	−8.1	17.7
东南诸河区	1748.3	10.5	4.0
珠　江　区	1371.1	−11.0	−11.9
西南诸河区	1036.0	−5.1	−5.1
西北诸河区	172.6	8.2	4.6

注   1. 北方 6 区指松花江区、辽河区、海河区、黄河区、淮河区、西北诸河区。

　　　2. 南方 4 区指长江区（含太湖流域）、东南诸河区、珠江区、西南诸河区。

　　　3. 西北诸河区计算面积占北方 6 区的 55.6%，长江区计算面积占南方 4 区的
　　　　 52.2%。

表 2 2021 年省级行政区降水量

省 级行政区	降水量/ mm	与 2020 年比较/ %	与多年平均值比较/ %
全 国	691.6	−2.1	7.4
北 京	924.0	65.0	62.4
天 津	984.1	84.1	73.5
河 北	790.3	44.6	51.8
山 西	733.0	30.6	43.5
内蒙古	343.7	11.4	25.2
辽 宁	933.0	24.7	38.4
吉 林	710.4	−7.6	16.8
黑龙江	647.7	−10.4	21.8
上 海	1474.5	−5.2	31.5
江 苏	1190.3	−3.7	18.2
浙 江	1992.5	17.1	22.8
安 徽	1291.6	−22.5	9.6
福 建	1477.1	2.6	−13.0
江 西	1587.4	−14.3	−3.5
山 东	979.9	16.9	45.6
河 南	1127.7	29.0	46.7
湖 北	1269.0	−22.7	9.0
湖 南	1490.1	−13.7	2.5
广 东	1420.9	−9.7	−20.5
广 西	1383.1	−17.1	−10.5
海 南	1881.4	14.7	3.5
重 庆	1404.3	−2.2	19.7
四 川	1004.7	−4.6	4.4
贵 州	1227.3	−13.4	5.9
云 南	1123.9	−2.9	−11.0
西 藏	578.7	−3.6	−0.7
陕 西	954.6	38.3	45.4
甘 肃	288.5	−9.2	3.4
青 海	356.2	−4.9	12.6
宁 夏	273.5	−11.7	−5.3
新 疆	161.7	13.5	2.5

（二）地表水资源量

2021 年，全国地表水资源量为 28310.5 亿 m³，折合年径流深为 299.3mm，比多年平均值偏多 6.6%，比 2020 年减少 6.8%。

从水资源分区看，10 个水资源一级区中有 7 个水资源一级区地表水资源量比多年平均值偏多，其中海河区、松花江区、淮河区、辽河区、黄河区分别偏多 176.1%、63.6%、54.5%、48.7% 和 47.4%；3 个水资源一级区地表水资源量比多年平均值偏少，其中珠江区偏少 23.3%。与 2020 年比较，7 个水资源一级区地表水资源量增加，其中海河区、辽河区分别增加 289.8% 和 24.4%；3 个水资源一级区地表水资源量减少，其中珠江区减少 22.1%。2021 年水资源一级区地表水资源量见表 3。

表 3　2021 年水资源一级区地表水资源量

水资源 一级区	地表水资源量 / 亿 m³	与 2020 年比较 / %	与多年平均值比较 / %
全　　国	28310.5	−6.8	6.6
北方 6 区	6273.1	12.3	46.1
南方 4 区	22037.4	−11.2	−1.0
松花江区	2043.3	6.1	63.6
辽 河 区	584.8	24.4	48.7
海 河 区	473.2	289.8	176.1
黄 河 区	860.0	7.8	47.4
淮 河 区	1064.4	2.1	54.5
长 江 区	11079.0	−13.0	13.3
其中：太湖流域	250.5	−14.3	43.3
东南诸河区	1981.0	19.0	−1.4
珠 江 区	3625.7	−22.1	−23.3
西南诸河区	5351.8	−6.9	−7.0
西北诸河区	1247.5	2.8	3.3

从行政分区看，23个省（自治区、直辖市）地表水资源量比多年平均值偏多，其中北京、天津、河北、内蒙古、陕西、山西偏多100%以上；8个省（自治区）偏少，其中福建、广东、云南3个省偏少20%以上。2021年省级行政区地表水资源量与多年平均值比较见图4。

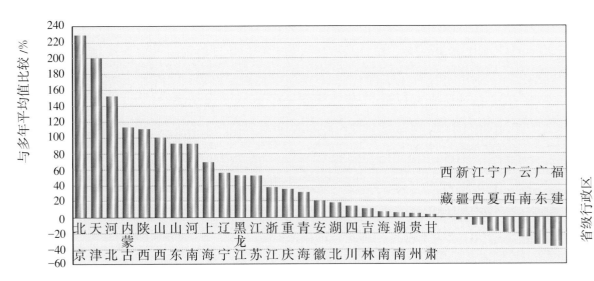

图4　2021年省级行政区地表水资源量与多年平均值比较图

从中国流出国境的水量为5398.8亿m³，流入界河的水量为1903.6亿m³，国境外流入中国境内的水量为180.5亿m³。

全国入海水量为16825.6亿m³，其中辽河区入海水量为280.8亿m³，海河区281.2亿m³，黄河区434.1亿m³，淮河区922.4亿m³，长江区10083.0亿m³，东南诸河区1777.1亿m³，珠江区3047.0亿m³。与多年平均值相比，全国入海水量偏多1.4%。与2020年相比，全国入海水量减少2245.4亿m³，其中长江区、珠江区入海水量分别减少1727.0亿m³和1279.2亿m³；其他水资源一级区均有不同程度的增加，其中东南诸河区、海河区入海水量分别增加272.8亿m³和249.2亿m³。

（三）地下水资源量

2021年，全国地下水资源量（矿化度≤2g/L）为8195.7亿m³，比多年平均值偏多2.3%。其中，平原区地下水资源量为2062.3亿m³，山丘区地下水资源量为6390.3亿m³，平原区与山丘区之间的重复计算量为256.9亿m³。

全国平原浅层地下水总补给量为2133.0亿m³。南方4区平原浅层地下水计算面积占全国平原区面积的9%，地下水总补给量为379.3亿m³；北方6区计算面积占91%，地下水总补给量为1753.7亿m³。其中，松花江区365.4亿m³，辽河区139.1亿m³，海河区292.5亿m³，黄河区196.8亿m³，淮河区359.5亿m³，西北诸河区400.5亿m³。

（四）水资源总量

2021 年，全国水资源总量为 29638.2 亿 m³，比多年平均值偏多 7.3%，比 2020 年减少 6.2%。其中，地表水资源量为 28310.5 亿 m³，地下水资源量为 8195.7 亿 m³，地下水资源与地表水资源不重复量为 1327.7 亿 m³。全国水资源总量占降水总量的45.3%，平均单位面积产水量为 31.3 万 m³/km²。2021 年水资源一级区水资源总量见表4，与多年平均值比较见图5。2021 年省级行政区水资源总量见表5，与多年平均值比较见图6。

表4 2021 年水资源一级区水资源总量

水资源 一级区	降水量 / mm	地表水 资源量 / 亿 m³	地下水 资源量 / 亿 m³	地下水资源与地表水 资源不重复量 / 亿 m³	水资源 总量 / 亿 m³
全 国	691.6	28310.5	8195.7	1327.7	29638.2
北方 6 区	405.7	6273.1	2928.6	1187.0	7460.1
南方 4 区	1197.2	22037.4	5267.1	140.7	22178.1
松花江区	633.3	2043.3	582.7	278.8	2322.0
辽 河 区	725.9	584.8	231.4	112.3	697.1
海 河 区	838.5	473.2	405.2	261.5	734.8
黄 河 区	555.0	860.0	461.8	141.0	1000.9
淮 河 区	1059.3	1064.4	503.0	289.3	1353.7
长 江 区	1152.8	11079.0	2624.8	107.1	11186.2
其中：太湖流域	1419.0	250.5	51.2	19.4	269.9
东南诸河区	1748.3	1981.0	464.1	16.2	1997.2
珠 江 区	1371.1	3625.7	888.7	17.3	3643.0
西南诸河区	1036.0	5351.8	1289.5	0.0	5351.8
西北诸河区	172.6	1247.5	744.4	104.1	1351.6

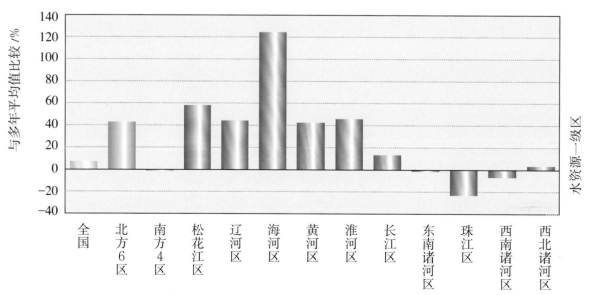

图5 2021 年水资源一级区水资源总量与多年平均值比较图

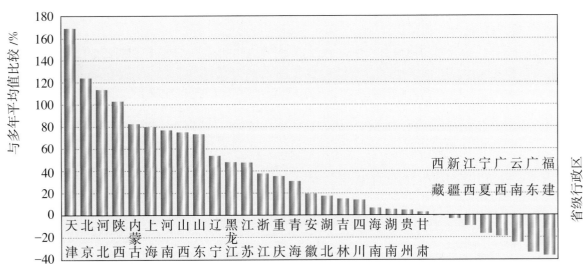

图6　2021年省级行政区水资源总量与多年平均值比较图

1956—2021年全国及南北方水资源总量变化见图7。与多年平均值比较，全国各年代水资源总量变化不大，1990—1999年偏多4.2%，2000—2009年偏少3.6%，2010—2019年偏多3.1%，而2020年、2021年2年平均偏多10.9%。南方4区1990—1999年偏多5.1%，2000—2009年偏少3.0%，2010—2019年偏多2.7%，而2020年、2021年2年平均偏多5.3%；北方6区1990—1999年接近多年平均值，2000—2009年偏少6.3%，2010—2019年偏多4.5%，而2020年、2021年2年平均偏多35.1%。

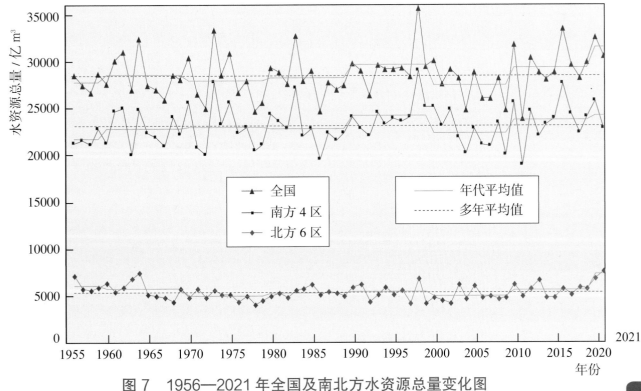

图7　1956—2021年全国及南北方水资源总量变化图

表5 2021 年省级行政区水资源总量

省 级 行政区	降水量 / mm	地表水 资源量 / 亿 m³	地下水 资源量 / 亿 m³	地下水资源与地表水 资源不重复量 / 亿 m³	水资源 总量 / 亿 m³
全 国	691.6	28310.5	8195.7	1327.7	29638.2
北 京	924.0	31.6	47.5	29.7	61.3
天 津	984.1	30.5	11.0	9.3	39.8
河 北	790.3	227.6	220.2	149.0	376.6
山 西	733.0	155.9	113.7	52.0	207.9
内蒙古	343.7	788.8	238.6	154.1	942.9
辽 宁	933.0	460.0	150.8	51.7	511.7
吉 林	710.4	380.0	166.2	79.2	459.2
黑龙江	647.7	1020.5	346.7	175.8	1196.3
上 海	1474.5	45.6	11.2	8.3	53.9
江 苏	1190.3	442.5	135.3	58.3	500.8
浙 江	1992.5	1323.3	261.8	21.4	1344.7
安 徽	1291.6	798.0	211.7	85.3	883.3
福 建	1477.1	757.3	238.7	1.4	758.7
江 西	1587.4	1400.6	332.0	19.2	1419.7
山 东	979.9	381.8	237.7	143.5	525.3
河 南	1127.7	556.9	257.0	132.3	689.2
湖 北	1269.0	1170.4	326.2	18.4	1188.8
湖 南	1490.1	1783.6	437.4	7.1	1790.6
广 东	1420.9	1211.3	301.3	9.8	1221.2
广 西	1383.1	1540.5	349.2	0.7	1541.2
海 南	1881.4	334.9	92.9	6.7	341.6
重 庆	1404.3	750.8	129.4	0.0	750.8
四 川	1004.7	2923.4	625.9	1.2	2924.5
贵 州	1227.3	1091.4	263.7	0.0	1091.4
云 南	1123.9	1615.8	562.9	0.0	1615.8
西 藏	578.7	4408.9	993.5	0.0	4408.9
陕 西	954.6	810.9	200.0	41.5	852.5
甘 肃	288.5	268.2	120.0	10.9	279.0
青 海	356.2	824.4	362.5	17.8	842.2
宁 夏	273.5	7.5	16.4	1.9	9.3
新 疆	161.7	767.8	434.2	41.2	809.0

三、蓄水动态

（一）大中型水库蓄水动态

2021 年，根据全国 728 座大型水库和 3797 座中型水库的数据统计，水库年末蓄水总量为 4449.1 亿 m³，比年初蓄水总量增加 17.5 亿 m³。其中，大型水库年末蓄水量为 3953.3 亿 m³，比年初增加 15.4 亿 m³；中型水库年末蓄水量为 495.8 亿 m³，比年初增加 2.1 亿 m³。

从水资源分区看，松花江区、珠江区和黄河区 3 个水资源一级区水库年末蓄水量分别减少 67.5 亿 m³、19.3 亿 m³ 和 0.4 亿 m³；其他 7 个水资源一级区均有不同程度的增加，其中海河区、东南诸河区、长江区分别增加 45.0 亿 m³、24.9 亿 m³ 和 20.5 亿 m³。2021 年水资源一级区大中型水库年蓄水量变化见图 8。

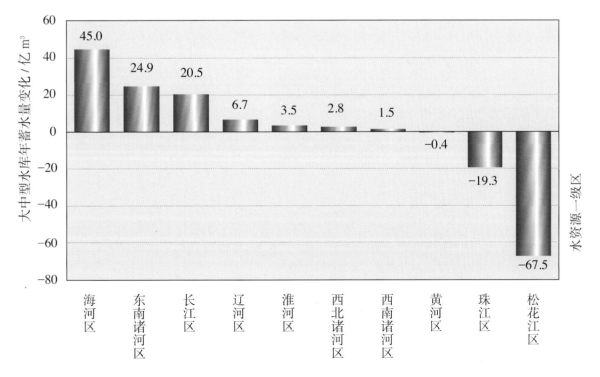

图 8　2021 年水资源一级区大中型水库年蓄水量变化图

　　从行政分区看，河北、四川、河南、浙江、北京等18个省（自治区、直辖市）的水库蓄水量增加，共增加蓄水量162.8亿 m³；吉林、黑龙江、广东、贵州、青海、安徽等12个省（自治区、直辖市）的水库蓄水量减少，共减少蓄水量145.3亿 m³。2021年省级行政区大中型水库年蓄水量变化见图9。

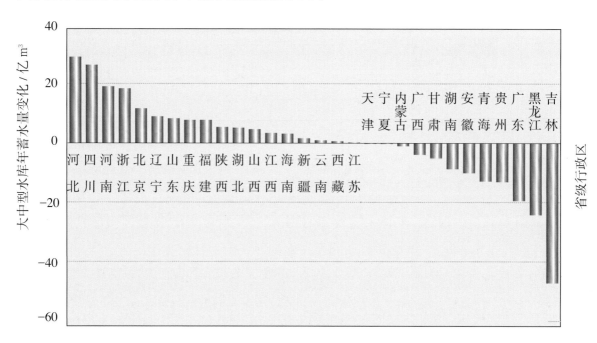

图9　2021年省级行政区大中型水库年蓄水量变化图

（二）湖泊蓄水动态

　　2021年，根据有监测的73个湖泊的数据统计，湖泊年末蓄水总量为1464.8亿 m³，比年初蓄水总量增加12.0亿 m³。其中，洪泽湖、南四湖、青海湖蓄水量分别增加5.9亿 m³、5.2亿 m³、3.2亿 m³；鄱阳湖、查干湖均减少1.1亿 m³。2021年水面面积200km² 以上有监测湖泊蓄水量见表6。

表6 2021年水面面积200km²以上有监测湖泊蓄水量

湖　泊	省级行政区	蓄水量 / 亿 m³		
		年初	年末	蓄水变量
查干湖	吉林	8.9	7.9	−1.1
太　湖	江苏、浙江	44.6	44.6	0.0
洪泽湖	江苏	30.6	36.5	5.9
高邮湖	江苏	9.8	9.1	−0.7
骆马湖	江苏	8.5	9.6	1.1
巢　湖	安徽	26.1	27.5	1.5
华阳河湖群	安徽	11.8	12.0	0.2
鄱阳湖	江西	9.5	8.4	−1.1
南四湖上级湖	山东、江苏	10.1	13.0	2.8
南四湖下级湖		5.8	8.1	2.4
洪　湖	湖北	5.4	5.2	−0.2
梁子湖	湖北	8.4	10.4	1.9
洞庭湖	湖南	6.6	6.5	−0.1
滇　池	云南	14.6	15.0	0.3
洱　海	云南	28.1	27.5	−0.6
抚仙湖	云南	201.8	201.1	−0.7
青海湖（咸水湖）	青海	896.0	899.2	3.2

注　部分湖泊的年初蓄水量，按照新的水位—蓄水量关系进行了调整。

（三）地下水动态

地下水动态根据国家地下水监测工程❶中14923个浅层地下水监测站、3830个深层承压水监测站监测数据进行评价，监测面积约为350万 km²，覆盖我国31个省（自治区、直辖市）主要平原区、盆地和岩溶山区。

1. 浅层地下水

2021年，年末与年初相比，在全国31个省（自治区、直辖市）选取的14923个浅层地下水水位监测站中，87.5%的浅层地下水监测站水位呈稳定或上升状态。其中38.8%的监测站水位变幅在 ±0.5m 以内，处于相对稳定区；48.7%的监测站水位上升超过0.5 m，水位上升超过2m的监测站占比为17.4%；12.5%的监测站水位下降超过0.5m，水位下降超过2m的监测站占比为3.3%。

2021年，年末与年初相比，在29个监测的主要平原及盆地中，27个平原及盆地

---

❶ 国家地下水监测工程包括水利部和自然资源部的监测站。

浅层地下水水位基本持平或上升，三江平原、呼包平原浅层地下水水位下降达到或超过 0.5m。2021 年主要平原及盆地浅层地下水动态见表 7。

东北平原：2021 年年末，三江平原地下水平均埋深 8.3m，穆棱河兴凯湖平原 5.1m，松嫩平原 7.2m，辽河平原 4.3m。与年初相比，三江平原地下水水位下降 0.5m，穆棱河兴凯湖平原下降 0.2m；松嫩平原地下水水位上升 0.4m，辽河平原上升 0.8m。

黄淮海平原：2021 年年末，海河平原地下水平均埋深 12.1m，黄淮平原 4.0m。与年初相比，海河平原地下水水位上升 2.1m，黄淮平原上升 0.8m。

山西及西北地区平原和盆地：2021 年年末，山西主要盆地地下水平均埋深 18.6m，呼包平原 13.2m，河套平原 4.7m，关中平原 36.5m，河西走廊平原 27.8m，银川卫宁平原 6.1m，柴达木盆地 6.7m，塔里木盆地 12.4m，准噶尔盆地监控区 27.3m。与年初相比，呼包平原地下水水位下降 1.6m，河西走廊平原下降 0.3m；山西主要盆地地下水水位上升 1.3m，关中平原上升 0.9m，准噶尔盆地监控区上升 0.5m，塔里木盆地上升 0.4m，银川卫宁平原上升 0.3m，柴达木盆地上升 0.3m，河套平原下降 0.2m。

长江中下游平原：2021 年年末，江汉平原地下水平均埋深 4.7m，鄱阳湖平原 5.0m，长江三角洲平原 3.3m。与年初相比，江汉平原地下水水位下降 0.2m，鄱阳湖平原下降 0.3m，长江三角洲平原下降 0.1m。

表 7　2021 年主要平原及盆地浅层地下水动态

平原及盆地名称	水资源一级区	地下水平均埋深 / m		
		年初	年末	变幅
三江平原	松花江区	7.8	8.3	0.5
松嫩平原		7.6	7.2	−0.4
穆棱河兴凯湖平原		4.9	5.1	0.2
辽河平原	辽河区	5.1	4.3	−0.8
海河平原	海河区	14.2	12.1	−2.1
大同盆地		16.9	17.1	0.2
忻定盆地		16.7	16.7	0.0
长治盆地		12.7	9.5	−3.2
黄淮平原	黄河区、淮河区	4.8	4.0	−0.8
运城盆地	黄河区	24.0	21.0	−3.0
临汾盆地		21.4	19.3	−2.1
太原盆地		20.9	20.2	−0.7
呼包平原		11.6	13.2	1.6
河套平原		4.5	4.7	0.2
关中平原		37.4	36.5	−0.9
银川卫宁平原		6.4	6.1	−0.3
江汉平原	长江区	4.5	4.7	0.2
鄱阳湖平原		4.7	5.0	0.3
长江三角洲平原		3.2	3.3	0.1
河南省南襄山间平原区		8.4	7.8	−0.6
成都平原		5.8	5.1	−0.7
浙东沿海一般平原	东南诸河区	5.1	4.7	−0.4
广东珠江三角洲一般平原	珠江区	3.8	3.4	−0.4
雷州半岛一般平原		5.0	4.4	−0.6
琼北台地一般平原		10.8	9.9	−0.9
河西走廊平原	西北诸河区	27.5	27.8	0.3
柴达木盆地		7.0	6.7	−0.3
塔里木盆地		12.8	12.4	−0.4
准噶尔盆地		27.8	27.3	−0.5

2. 深层承压水

2021 年，年末与年初相比，在全国 19 个省（自治区、直辖市）选取的 3830 个深层承压水水位监测站中，85.5% 的深层承压水监测站水位呈稳定或上升状态。其中，26.6% 的监测站水位变幅在 ±0.5m 以内；58.9% 的监测站水位上升超过 0.5m，水位上升超过 2m 的监测站占比为 27.0%；14.5% 的监测站水位下降超过 0.5m，水位下降超过 2m 的监测站占比为 6.4%。

在监测站超过 20 个的省级行政区中，水位下降（超过 0.5m）监测站比例较大的有山西、海南和河南 3 个省，水位上升（超过 0.5m）监测站比例较大的有天津、河北和辽宁 3 个省（直辖市）。

四、水资源开发利用

（一）供水量

2021 年，全国供水总量为 5920.2 亿 m³，占当年水资源总量的 20.0%。其中，地表水源供水量为 4928.1 亿 m³，占供水总量的 83.2%；地下水源供水量为 853.8 亿 m³，占供水总量的 14.5%；其他水源供水量为 138.3 亿 m³，占供水总量的 2.3%。与 2020 年相比，供水总量增加 107.3 亿 m³，其中，地表水源供水量增加 135.8 亿 m³，地下水源供水量减少 38.7 亿 m³，其他水源供水量增加 10.2 亿 m³。

在地表水源供水量中，蓄水工程供水量占 31.8%，引水工程供水量占 29.4%，提水工程供水量占 34.4%，水资源一级区区间调水量占 4.4%。全国跨水资源一级区调水主要是黄河下游向其左、右两侧海河区和淮河区的调水，以及长江中下游向海河区、淮河区和黄河区的调水。2021 年水资源一级区区间跨流域调水量见表 8。

表 8　2021 年水资源一级区区间跨流域调水量　　　　　单位：亿 m³

调出区	调入区						调出水量合计
	海河区	黄河区	淮河区	长江区	珠江区	西北诸河区	
海河区		0.05					0.05
黄河区	44.70		36.36			3.43	84.49
淮河区				6.69			6.69
长江区	65.68	1.51	51.24		0.48		118.91
东南诸河区				6.55			6.55
珠江区				0.26			0.26
西南诸河区				0.59	0.24		0.83
调入水量合计	110.38	1.56	87.60	14.09	0.72	3.43	217.78

在地下水源供水量中，浅层地下水占97.0%，深层承压水占3.0%。

在其他水源供水量中，再生水、集蓄雨水利用量分别占84.6%、5.0%。

2021年水资源一级区供水量见表9，供水量组成见图10。2021年省级行政区供水量见表10，供水量组成见图11。

1997年以来全国供水总量总体呈缓慢上升趋势，2013年后基本持平。其中地表水源和其他水源供水量呈持续增加态势，地下水源供水量从缓慢增加转向持续减少态势。在地表水源中，跨水资源一级区调水量呈持续增加态势；在地下水源中，深层承压水供水量则呈持续减少态势。地表水源及其他水源供水量占供水总量的比例逐渐增加，地下水源供水量占供水总量的比例有所减少。

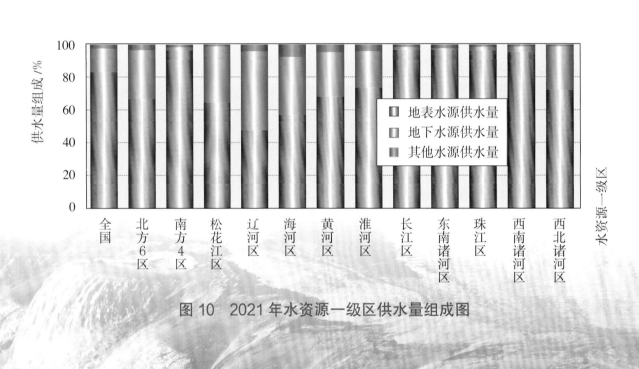

图10 2021年水资源一级区供水量组成图

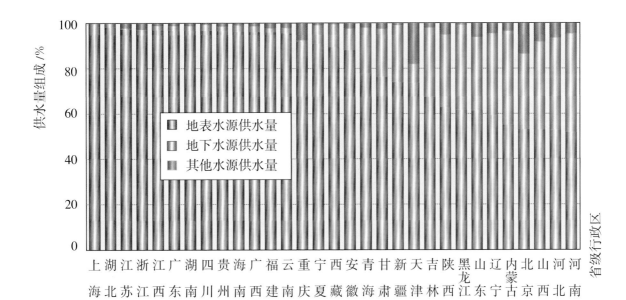

图 11　2021 年省级行政区供水量组成图

（二）用水量

2021 年，全国用水总量为 5920.2 亿 m³。其中，生活用水量为 909.4 亿 m³，占用水总量的 15.4%；工业用水量为 1049.6 亿 m³[其中火（核）电直流冷却用水量为 507.4 亿 m³]，占用水总量的 17.7%；农业用水量为 3644.3 亿 m³，占用水总量的 61.5%；人工生态环境补水量为 316.9 亿 m³，占用水总量的 5.4%。

与 2020 年相比，用水总量增加 107.3 亿 m³，其中，生活用水量增加 46.3 亿 m³，农业用水量增加 31.9 亿 m³，工业用水量增加 19.2 亿 m³，人工生态环境补水量增加 9.9 亿 m³。

2021 年水资源一级区用水量见表 9。2021 年省级行政区用水量见表 10，省级行政区用水量组成见图 12。

表 9 2021 年水资源一级区供水量和用水量　　　　　　　　　　　单位：亿 m³

水资源一级区	供水量				用水量					
	地表水	地下水	其他（非常规水源）	供水总量	生活	工业	其中：直流火（核）电	农业	人工生态环境补水	用水总量
全　　国	4928.1	853.8	138.3	5920.2	909.4	1049.6	507.4	3644.3	316.9	5920.2
北方 6 区	1773.2	787.2	91.6	2652.0	309.1	220.5	17.6	1907.0	215.4	2652.0
南方 4 区	3154.9	66.6	46.7	3268.2	600.3	829.1	489.8	1737.3	101.5	3268.2
松花江区	297.7	157.5	4.6	459.8	28.5	26.9	10.4	378.4	25.9	459.8
辽 河 区	89.2	90.3	7.5	187.0	31.7	19.3	0.1	124.8	11.2	187.0
海 河 区	208.7	128.1	28.9	365.8	70.4	40.7	0.2	176.1	78.5	365.8
黄 河 区	265.5	104.6	19.2	389.3	55.4	45.3	0.0	256.8	31.8	389.3
淮 河 区	428.1	127.9	24.7	580.8	100.1	71.7	6.6	367.0	42.0	580.8
长 江 区	2003.7	39.9	28.9	2072.5	345.1	633.0	420.8	1030.9	63.5	2072.5
其中：太湖流域	335.1	0.1	7.2	342.3	61.6	213.5	174.7	63.6	3.6	342.3
东南诸河区	286.7	3.3	6.6	296.6	68.9	62.2	14.4	145.8	19.6	296.6
珠 江 区	760.8	19.5	10.1	790.5	172.9	127.5	54.5	473.7	16.3	790.5
西南诸河区	103.7	3.8	1.2	108.6	13.3	6.4	0.0	86.8	2.0	108.6
西北诸河区	484.0	178.7	6.6	669.3	22.9	16.5	0.3	603.9	26.0	669.3

表 10　2021 年省级行政区供水量和用水量　　　　单位：亿 m³

省级行政区	供水量				用水量					
	地表水	地下水	其他（非常规水源）	供水总量	生活	工业	其中：直流火(核)电	农业	人工生态环境补水	用水总量
全　国	4928.1	853.8	138.3	5920.2	909.4	1049.6	507.4	3644.3	316.9	5920.2
北　京	21.6	13.6	5.5	40.8	19.4	2.9	0.0	2.8	15.7	40.8
天　津	23.8	2.7	5.8	32.3	7.0	4.8	0.0	9.3	11.3	32.3
河　北	96.2	73.2	12.5	181.9	27.8	17.7	0.2	97.1	39.3	181.9
山　西	38.5	28.2	6.0	72.6	15.1	12.3	0.0	40.8	4.5	72.6
内蒙古	105.7	79.0	7.0	191.7	11.7	13.4	0.0	137.5	29.1	191.7
辽　宁	76.7	46.5	5.8	129.0	26.6	16.5	0.0	77.2	8.7	129.0
吉　林	74.3	33.8	2.1	110.2	13.1	9.2	2.5	79.9	8.1	110.2
黑龙江	200.2	122.0	2.2	324.5	15.9	17.8	8.0	289.2	1.6	324.5
上　海	105.5	0.0	0.2	105.8	24.7	65.0	56.0	15.3	0.9	105.8
江　苏	552.4	3.2	11.9	567.5	66.1	250.2	205.2	246.2	5.1	567.5
浙　江	161.7	0.2	4.5	166.4	50.6	35.8	1.0	73.3	6.8	166.4
安　徽	239.5	25.8	6.3	271.7	36.5	82.1	50.1	144.1	9.0	271.7
福　建	175.3	3.3	4.0	182.6	32.4	35.4	13.5	99.8	14.9	182.6
江　西	241.9	5.0	2.5	249.4	28.8	48.7	22.9	167.3	4.6	249.4
山　东	128.9	66.8	14.4	210.1	40.3	32.6	0.0	115.8	21.4	210.1
河　南	115.6	96.9	10.3	222.9	45.1	28.0	0.8	115.0	34.8	222.9
湖　北	330.5	5.4	0.3	336.1	51.9	85.6	45.1	177.7	21.0	336.1
湖　南	312.1	6.7	3.6	322.4	48.4	62.1	41.0	199.9	11.9	322.4
广　东	394.0	8.6	4.4	407.0	117.9	78.2	31.5	204.2	6.7	407.0
广　西	258.2	7.1	3.2	268.5	36.1	36.5	22.5	189.6	6.3	268.5
海　南	43.3	1.3	0.4	45.0	8.5	1.5	0.0	34.0	1.0	45.0
重　庆	66.2	0.5	5.4	72.1	22.5	19.3	6.4	28.7	1.6	72.1
四　川	236.4	6.5	1.4	244.3	57.0	21.8	0.0	158.6	6.9	244.3
贵　州	100.6	2.1	1.4	104.1	20.0	20.0	0.0	62.1	2.0	104.1
云　南	153.2	3.9	3.2	160.3	27.5	15.7	0.5	112.1	5.0	160.3
西　藏	29.0	3.3	0.1	32.4	3.5	1.1		27.3	0.4	32.4
陕　西	57.7	29.2	4.9	91.8	20.3	10.9	0.0	54.6	5.9	91.8
甘　肃	83.9	23.5	2.7	110.1	9.7	6.5	0.0	82.6	11.3	110.1
青　海	19.1	5.0	0.5	24.5	2.9	2.5	0.0	17.5	1.7	24.5
宁　夏	61.9	5.2	1.0	68.1	3.7	4.2	0.0	56.9	3.3	68.1
新　疆	424.1	145.0	4.8	573.9	18.7	11.2	0.3	527.9	16.2	573.9

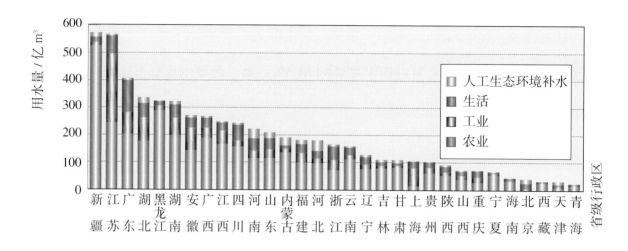

图 12 2021 年省级行政区用水量组成图

1997 年以来全国用水总量总体呈缓慢上升趋势，2013 年后基本持平。其中生活用水量呈持续增加态势，工业用水量从总体增加转为逐渐趋稳，近年来略有下降；农业用水量受当年降水和实际灌溉面积的影响上下波动。生活用水量占用水总量的比例逐渐增加，农业用水量和工业用水量占用水总量的比例有所减少。1997—2021 年全国用水量变化见图 13。

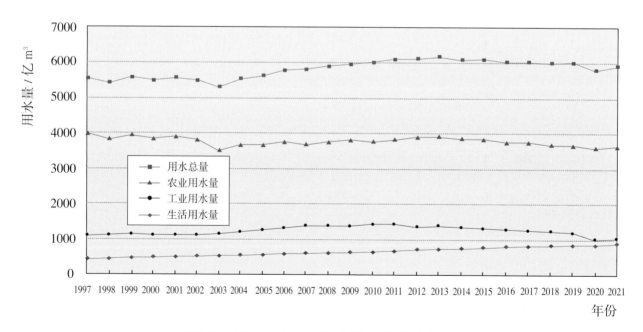

图 13 1997—2021 年全国用水量变化图

按居民生活用水、生产用水、人工生态环境补水划分，2021 年全国城乡居民生活用水量占用水总量的 10.8%，生产用水量占 83.8%，人工生态环境补水量占 5.4%。在生产用水中，第一产业用水量占用水总量的 61.5%，第二产业用水量占 18.5%，第三产业用水量占 3.8%。

（三）用水消耗量

2021 年，全国用水消耗量（耗水量）为 3164.7 亿 m³，耗水率 53.5%。其中，农业耗水量为 2347.3 亿 m³，占耗水总量的 74.2%，耗水率为 64.4%；工业耗水量为 230.8 亿 m³，占耗水总量的 7.3%，耗水率为 22.0%；生活耗水量为 358.5 亿 m³，占耗水总量的 11.3%，耗水率为 39.4%；人工生态环境补水耗水量为 228.1 亿 m³，占耗水总量的 7.2%，耗水率为 72.0%。

（四）用水指标

2021 年，全国人均综合用水量为 419m³，万元国内生产总值（当年价）用水量为 51.8m³。耕地实际灌溉亩均用水量为 355m³，农田灌溉水有效利用系数为 0.568，万元工业增加值（当年价）用水量为 28.2m³，人均生活用水量（含公共用水）为 176L/d，城乡居民人均用水量为 124L/d。2021 年水资源一级区、省级行政区主要用水指标分别见表 11 和表 12。

根据《中国水资源公报》，1997 年以来用水效率明显提高，全国万元国内生产总值用水量和万元工业增加值用水量均呈显著下降趋势，耕地实际灌溉亩均用水量总体上呈缓慢下降趋势，人均综合用水量基本维持在 400～450m³。1997—2021 年全国主要用水指标变化见图 14。2021 年与 1997 年比较，耕地实际灌溉亩均用水量由 492m³ 下降到 355m³；万元国内生产总值用水量、万元工业增加值用水量 24 年间分别下降了 85.2% 和 88.0%（按可比价计算）。与 2020 年相比，万元国内生产总值用水量和万元工业增加值用水量分别下降 5.8% 和 7.1%（按可比价计算）。

表 11　2021 年水资源一级区主要用水指标

水资源一级区	人均综合用水量 /m³	万元国内生产总值用水量 /m³	耕地实际灌溉亩均用水量 /m³	人均生活用水量 /(L/d)	城乡居民	万元工业增加值用水量 /m³
全　国	419	51.8	355	176	124	28.2
松花江区	848	166.4	441	144	110	36.9
辽河区	344	56.0	204	160	111	17.9
海河区	243	30.2	167	128	94	11.8
黄河区	318	44.6	282	124	89	13.9
淮河区	283	38.0	204	134	101	14.4
长江区	442	50.1	406	202	136	48.1
其中：太湖流域	505	30.5	402	249	151	55.3
东南诸河区	327	29.4	430	208	137	16.5
珠江区	380	46.9	678	227	160	22.9
西南诸河区	511	101.4	407	172	117	35.2
西北诸河区	1934	310.0	518	182	148	24.1

注　1.万元国内生产总值用水量和万元工业增加值用水量指标均按当年价格计算。

2.本表计算中所使用的人口数据为年平均人口数。

3.本表中"人均生活用水量"包括城乡居民生活用水和公共用水（含第三产业及建筑业等用水），"城乡居民"仅包括居民生活用水。

表 12 2021 年省级行政区主要用水指标

省级行政区	人均综合用水量/m³	万元国内生产总值用水量/m³	耕地实际灌溉亩均用水量/m³	农田灌溉水有效利用系数	人均生活用水量/(L/d)	城乡居民	万元工业增加值用水量/m³
全　国	419	51.8	355	0.568	176	124	28.2
北　京	186	10.1	120	0.751	243	144	5.2
天　津	234	20.6	227	0.721	138	93	9.1
河　北	244	45.0	165	0.676	102	83	12.5
山　西	208	32.2	175	0.556	118	90	12.1
内蒙古	798	93.4	241	0.568	133	93	16.9
辽　宁	304	46.8	376	0.592	172	118	17.7
吉　林	458	83.3	300	0.603	149	109	23.9
黑龙江	1028	218.1	427	0.610	138	109	48.6
上　海	425	24.5	493	0.739	271	154	60.5
江　苏	668	48.8	395	0.618	213	139	56.1
浙　江	256	22.6	325	0.606	213	134	13.3
安　徽	445	63.2	233	0.558	164	125	62.7
福　建	438	37.4	608	0.561	213	141	19.9
江　西	552	84.2	611	0.520	174	130	45.2
山　东	207	25.3	146	0.647	109	83	12.0
河　南	225	37.9	148	0.620	125	95	14.9
湖　北	579	67.2	354	0.533	245	145	54.5
湖　南	486	70.0	468	0.547	200	141	43.9
广　东	322	32.7	711	0.524	256	171	17.3
广　西	534	108.5	769	0.515	197	153	60.2
海　南	444	69.5	881	0.574	229	164	22.4
重　庆	225	25.9	316	0.507	192	140	24.5
四　川	292	45.4	359	0.490	186	140	14.1
贵　州	270	53.1	371	0.491	142	108	37.4
云　南	341	59.1	345	0.502	160	116	23.9
西　藏	887	155.6	517	0.454	265	117	59.3
陕　西	232	30.8	256	0.582	141	100	9.7
甘　肃	441	107.5	404	0.574	107	84	22.8
青　海	414	73.3	447	0.503	133	91	26.2
宁　夏	942	150.6	577	0.561	139	83	25.3
新　疆	2219	359.1	545	0.575	198	167	23.9

注　1. 万元国内生产总值用水量和万元工业增加值用水量指标均按当年价格计算。

　　2. 本表计算中所使用的人口数据为年平均人口数。

　　3. 本表中"人均生活用水量"包括城乡居民生活用水和公共用水（含第三产业及建筑业等用水），"城乡居民"仅包括居民生活用水。

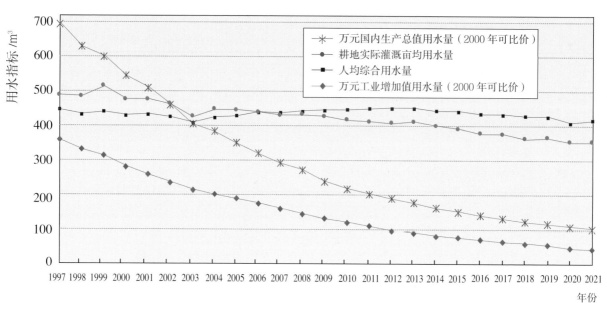

图 14 1997—2021 年全国主要用水指标变化图

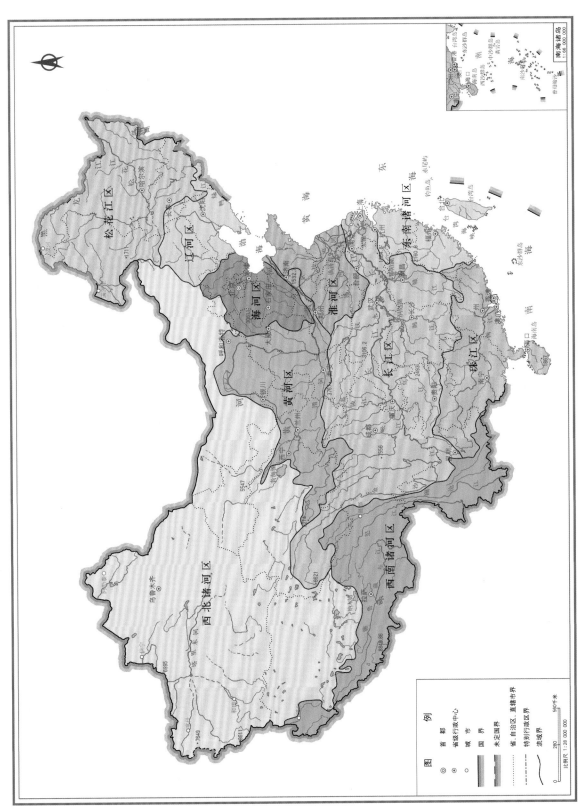

全国水资源一级区示意图

《中国水资源公报》编制领导小组

组　长：魏山忠

副组长：仲志余　杨得瑞

成　员：（以姓氏笔画为序）

匡尚富　朱程清　刘仲民　许文海　杜丙照　李鹏程

杨　谦　沈凤生　张祥伟　陈生水　陈明忠　林祚顶

郭孟卓　唐　亮　蔡　阳

《中国水资源公报》编辑人员

主　编：杨　谦

副主编：张文胜　蒋云钟　吴永祥

成　员：（以姓氏笔画为序）

王金星　王卓然　仇亚琴　冯保清　匡　键　毕守海

刘　婷　刘海滢　齐兵强　许明家　李　晶　汪党献

沈莹莹　张绍强　张海涛　张象明　林　锦　周哲宇

郝春沣　贾　玲　黄利群　常　帅　彭岳津　谭　韬

《中国水资源公报》编辑部邮箱：gongbao_iwhr@iwhr.com